Kathrin Paulus-Erndt

Der Sternhimmel
für Verliebte

Sterne und Sternbilder unterhaltsam kennen lernen

Sterne und Sternbilder erkennen

Dieses Buch möchte Sie mit unterhaltsamen Geschichten anregen, selbst einen Blick an den Sternhimmel zu werfen. Mit etwas Neugier und Geduld ist es nämlich ganz einfach, helle Sternbilder und Sterne zu erkunden: Sie müssen nur das Haus verlassen und nach oben blicken – einfacher geht es eigentlich gar nicht.

Die hier beschriebenen Sterne und Sternbilder gehören zu den hellsten und am einfachsten zu erkennenden des Himmels. Ihre eigenen Augen – fantastische optische Instrumente, direkt verschaltet mit Ihrem Gehirn – sind vollkommen ausreichend, um ferne Planeten und Sterne zu sehen. Ein Fernglas oder Teleskop ist dazu nicht nötig.

Sie können in jeder klaren Nacht diese Reise bis in eine Entfernung von vielen tausend Lichtjahren unternehmen. Lassen Sie sich auf das Abenteuer ein!

Gewidmet meinem Mann - schon immer und für immer - durch Raum und Zeit.

Zur Autorin

Kathrin Paulus-Ernd ist leidenschaftliche Hobby-astronomin und widmet sich am liebsten der visuellen Beobachtung und dem Zeichnen der Sonne am Teleskop. Neben ihrer Begeisterung für das Schreiben unterrichtet sie die Fächer Werken und Textilgestaltung als Lehrerin und fasziniert die Schüler in diversen Projekten für das Thema Astronomie. Die Autorin dankt ihrem Mann Armin für die Unterstützung und inspirierende Mithilfe.

Inhaltsverzeichnis

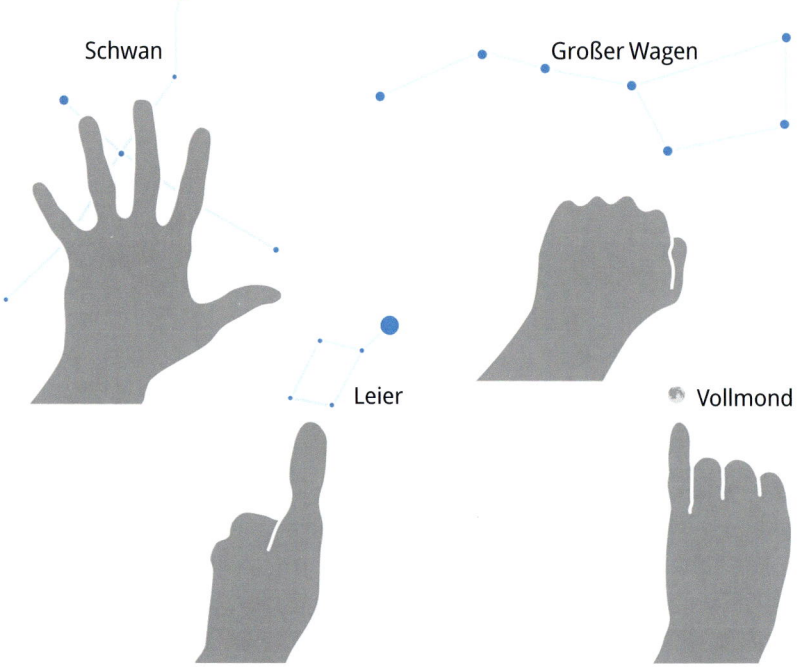

So benutzen Sie die Grafiken

Jedes Kapitel hat auf der letzten Seite eine Ansicht des Sternhimmels. Diese zeigt den Anblick eines Ausschnitts des Himmels und gibt Hinweise zum Auffinden der Sterne und Sternbilder. So finden Sie die richtigen Sterne:

1. Suchen Sie sich einen Standort mit möglichst freiem Blick nach allen Seiten
2. Bestimmen Sie mit einem Kompass oder Ihrem Smartphone die Himmelsrichtungen
3. Halten Sie das Buch so, dass die Grafik in die richtige Richtung zeigt
4. Folgen Sie der Aufsuchbeschreibung

4

Abstände lassen sich leicht abschätzen, wenn man den Arm ausstreckt und die Hand, die Faust oder einen Finger vor den Himmel hält. Dies funktioniert für alle Menschen gleich, egal ob sie lange oder kurze Arme oder große oder kleine Hände haben. Die Grafiken zeigen die Größe der ausgestreckten Hand, Faust und Finger im richtigen Maßstab. Schätzen Sie so Abstände zwischen den Sternen oder Abstände vom Horizont zu den Sternen ab.

Da sich unsere Erde um ihre eigene Achse dreht und dabei noch um die Sonne wandert, verändern sich die Anblicke je nach Uhrzeit und Datum. Sie gelten streng genommen also nur für einen bestimmten Zeitpunkt. Lassen Sie sich also nicht davon verunsichern, wenn der Anblick bei Ihren Beobachtungen etwas anders ist.

Achtung: Es kann sein, dass Sie ein heller zusätzlicher »Stern« irritiert, der nicht in den Grafiken enthalten ist. Das ist mit großer Wahrscheinlichkeit ein Planet unseres Sonnensystems. Die Planeten wandern durch die 13 Sternbilder des Tierkreises: Fische, Widder, Stier, Zwillinge, Krebs, Löwe, Jungfrau, Waage, Skorpion, Schlangenträger, Schütze, Steinbock und Wassermann. Sie sind also nur in einem bestimmten Bereich des Himmels zu finden.

Die hier beschriebenen Sterne und Sternbilder können Sie überall sehen. Wenn Sie aber ein Erlebnis daraus machen wollen, fahren Sie raus aufs Land. Hier sind bis zu 20 Mal so viele Sterne zu sehen wie in der Stadt, weil der Himmel dunkler ist: Helle Sterne scheinen noch heller, schwächere kommen zum Vorschein. Allerdings kann die Vielzahl der Sterne auch verwirrend sein, wenn man ein Sternbild erkennen will.

Übrigens sind Neumondnächte besser geeignet als solche zu Vollmond, da der helle Mond die Sterne überstrahlt und unsichtbar werden lässt. In Norddeutschland sollte man beachten, dass es zwischen Mai und Juli gar nicht richtig dunkel wird. Um helle Sterne zu sehen, reicht die Dunkelheit allerdings aus.

Frühling

Zeus in love

Jeder hat schon einmal von der Sternformation des Großen Wagens gehört. Das, was mit Deichsel und Kasten tatsächlich einem Bollerwagen ähnelt, ist eigentlich kein eigenes Sternbild. Was der Volksmund als Großen Wagen (im englischen Sprachraum »big dipper«, also große Schöpfkelle) bezeichnet, ist vielmehr ein Teil des Sternbildes Großer Bär. Wie so oft hat diese Namensgebung ihren Ursprung in den Heldensagen der Griechen.

Unersättlicher Göttervater

Kallisto, die Tochter des Königs Lykaon, war die Schönste der Nymphen der Jagdgöttin Artemis. Als Nymphe war sie zu Keuschheit verpflichtet, Zeus aber verliebte sich in sie und trotz aller Gegenwehr wurde sie von ihm schwanger.

Sie versuchte ihre Schwangerschaft geheim zu halten, beim Bad mit den anderen Nymphen konnte sie es aber nicht verbergen und Artemis verstieß Kallisto daraufhin.

Kallisto bekam einen Sohn, den sie Arkas nannte. Er wurde später zu einem hervorragenden Jäger.

Die Rache Heras

Die Gattin von Zeus, Hera, war rasend vor Eifersucht wegen eines weiteren unehelichen Kindes und verwandelte Kallisto in eine Bärin. Viele Jahre später traf Kallisto in Bärengestalt auf ihren Sohn Arkas und wollte ihn umarmen. Arkas ahnte natürlich nicht, dass es sich bei der Bärin um seine Mutter handelte und wollte sie mit Pfeil und Bogen töten.

Zeus gelang es gerade noch, den todbringenden Pfeil des Arkas umzulenken und so Kallisto zu retten. Um sie auch in Zukunft zu schützen,

▲ Der Große Wagen über dem Tal der Rhone, gemalt von Vincent van Gogh.

versetzte er sie als Sternbild Großer Bär (eigentlich Große Bärin) ans nächtliche Firmament. Ihr Sohn Arkas wurde in den Kleinen Bären verwandelt. So wurden beide unsterblich.

Strafe muss sein

Die erzürnte Hera erwirkt bei Okeanos, dass die beiden Bären zur Strafe nie ein Bad im erfrischenden Meer nehmen dürfen. Das Schicksal der beiden ist es, fortan immer über dem Horizont zu stehen. Beide Sternbilder können in unseren Breiten das ganze Jahr über in jeder klaren Nacht gesehen werden. Sie bewegen sich einander gegenüberliegend um den Polarstern, der in nördlicher Himmelsrichtung zu finden ist. Der Polarstern wird auch als Nordstern bezeichnet und ist der erste Deichselstern des Kleinen Wagens.

Die Sterne des Bären

Die sieben Sterne, die den Großen Wagen bilden, haben Eigennamen, die aus der arabischen Sprache kommen. Der hellste Stern befindet sich am hinteren oberen Ende des Kastens. Er heißt Dubhe, was vom arabischen Wort دب (ausgesprochen: dubb) kommt und »Bär« bedeutet: Gut passend für den Hauptstern des Großen Bären!

Weitere arabische Namen für die drei anderen Kastensterne bezeichnen die verschiedenen Körperteile des Tiers: Die Flanke des Bären wird vom zweithellsten Stern Merak, auch Mirak genannt, dargestellt. Das arabische Wort مراق wird mirahq ausgesprochen. Phegda, auch Phekha, Phachd oder Phad, vom arabischen فخذ (ausgesprochen: fachth), heißt Schenkel. Megrez kommt vom arabischen مغرز, ausgesprochen maġris; es bedeutet Schwanzwurzel.

Augenprüfer

Interessant ist auch der mittlere Deichselstern. Er heißt Mizar und besitzt einen kleinen Begleiter: den Stern Alkor, der auch »Reiterlein« genannt wird, da er sich »oberhalb« von Mizar befindet.

Wenn man außerhalb der lichtverschmutzten Städte unter einem dunklen Himmel beobachtet, kann man Alkor freiäugig erkennen. Da das auf Anhieb nicht ganz einfach ist, wird das Reiterlein auch als Augenprüfer bezeichnet. In Wahrheit sollte jedoch jeder normalsichtige Mensch den kleinen Stern oberhalb von Mizar sehen können. Ist das nicht der Fall, brauchen Sie eine Brille!

So finden Sie den Polarstern:

① Großen Wagen aufsuchen

② Vordere Kastensterne identifizieren

③ Verbindung verlängern

oder

④ Nordrichtung mit einem Kompass finden

⑤ Halbhoch nach oben gehen

Blick nach Norden

1. März 20 Uhr

1. April 18 Uhr

Der Stern der Jungfrau

Im Zusammenhang mit Sternbildern oder Sternzeichen hat sicher jeder schon von der Jungfrau gehört. Sie ist eines der zwölf Tierkreiszeichen und das zweitgrößte Sternbild am Himmel. In Ägypten wurde die Jungfrau mit der Göttin Isis in Verbindung gebracht, in der klassischen griechischen Mythologie gibt es mehrere Versionen der Sage zu diesem Sternbild.

Vom Erdboden verschluckt

Demeter, die mächtige und segenbringende Göttin der Fruchtbarkeit, hatte aus ihrer Verbindung mit Zeus eine Tochter. Ihr Name war Persephone und sie wuchs wohlbehütet und von ihrer Mutter Demeter innig geliebt im Kreise ihrer Gespielinnen auf. Als sie eines Tages auf den blühenden Wiesen ihrer Mutter Blumen pflückte, tat sich plötzlich neben ihr der Erdboden auf. Hades, der Gott der Unterwelt, kam mit einem rossbespannten Wagen aus seinem Reich empor gepprescht.

Er war in Liebe zur schönen Persephone entbrannt und entführte die verzweifelt um Hilfe rufende Jungfrau gewaltsam in die finstere Unterwelt und machte sie zu seiner Frau. Vergeblich irrte die untröstliche Mutter auf der Erde umher und suchte ihre verschwundene Tochter. Helios, der alles sah, verriet ihr endlich den Aufenthaltsort der geliebten Persephone.

Ober- und Unterwelt

Aus Trauer und Zorn zog sich Demeter vom Olymp zurück, sandte Misswuchs über die Länder und ließ die Fruchtbarkeit verschwinden, so dass die Menschen bald von einer Hungersnot bedroht wurden. Nachdem Zeus vergeblich versucht hatte, Demeter milde zu stimmen, gebot er seinem Bruder Hades die Rückgabe des geraubten Mädchens. Hades

▲ Die Jungfrau mit Kornähre auf einer Sternkarte des 19. Jahrhunderts.

gehorchte dem höchsten Gott und ließ Persephone frei. Zuvor aber hatte er sie von einem verzauberten Granatapfel kosten lassen.

Persephone war von diesem Moment an der Liebe zu ihrem Gemahl verfallen. Und so kam es, dass Persephone einen Teil des Jahres bei ihrer Mutter Demeter auf den blühenden und reifenden Fluren der Oberwelt verbrachte und den anderen Teil freiwillig bei ihrem geliebten Ehemann in der Unterwelt. Hades und Persephone regierten ernst und streng in der Unterwelt und teilten sich die Macht im Reich der Schatten. Manches Mal aber erschien Persephone als gütige Versöhnerin, die den unbeugsamen und harten Hades zu einem milderen Urteil bewegte.

Treu bis in den Tod

In einer anderen Version stellt das Sternbild Erigone dar. Ihr Vater Ikarios hatte vom Gott Dionysos die Kunst des Weinanbaus gelernt und gab einigen Bauern den Wein zum Probieren. Diese kannten das Getränk nicht, dachten, er wolle sie vergiften und brachten ihn um. Erigone machte sich mit dem Hund Maira auf die Suche nach ihrem Vater und schließlich fand der Hund die Stelle, an der Ikarios verscharrt worden war.

Erigone erhängte sich daraufhin vor Schmerz über den Verlust des Vaters an einem Baum. Der treue Hund starb ebenfalls aus Trauer. Alle Beteiligten dieses Familiendramas wurden als Sternbilder am Himmel verewigt: Erigone als Jungfrau, Ikarios als Bärenhüter ganz in ihrer Nähe und Maira, der Hund, als das Sternbild Kleiner Hund.

Funkelnder Hauptstern der Jungfrau

Als heller, weißlich funkelnder Lichtpunkt fällt der Stern Spika in der Jungfrau besonders auf. Der Name kommt aus dem Lateinischen und bedeutet Kornähre. Spika stellt die Ähre dar, die die Jungfrau in der Hand hält – ein Symbol der Fruchtbarkeit. Man kann den Hauptstern der Jungfrau leicht finden, wenn man die Strecke von der Deichsel des Großen Wagens über Arktur im Bärenhüter weiter verlängert. Das Sternbild der Jungfrau als Ganzes ist nicht ganz einfach auszumachen wegen seiner großen Ausdehnung.

Weil Spika nahe der Ekliptik – das ist die scheinbare Sonnenbahn am Himmel – liegt, ziehen die Planeten dicht am Hauptstern der Jungfrau vorbei. Unser Erdmond bedeckt Spika bisweilen sogar ganz.

So finden Sie die Jungfrau:

1. Großen Wagen aufsuchen
2. Deichsel identifizieren
3. Deichselbogen verlängern
4. Arktur identifizieren
5. Deichselbogen weiter verlängern
6. Spika in der Jungfrau identifizieren

Blick nach Osten

1. März 23 Uhr

1. April 21 Uhr

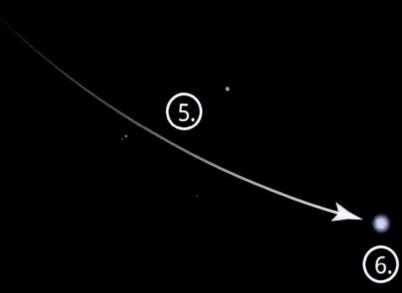

Ein himmlischer Begleiter

Was spricht Verliebte mehr an als eine romantische Mondnacht! Die Nacht ist erhellt vom milden Schein des Erdbegleiters und verzaubert unsere Sinne. Vor allem an Abenden im Frühjahr lässt sich die junge Mondsichel gut beobachten.

Kult um den Mond

Eine etwa 5000 Jahre alte »Mondkarte« aus dem irischen Knowth gilt als die älteste bekannte Darstellung des Erdtrabanten. Auch auf der Himmelsscheibe von Nebra (siehe Kapitel »Atlas und seine sieben Töchter«) ist der Mond abgebildet und man geht davon aus, dass die bekannten Steine von Stonehenge als Observatorium gebaut wurden, um u.a. besondere Mondpositionen zu verdeutlichen.

In vielen Kulturen gibt es Hinweise auf eine große kultische Bedeutung des Mondes für die Menschen. Meistens stellte der Mond eine wichtige Gottheit dar, die mit einer weiblichen Göttin in Verbindung gebracht wurde. So ist etwa bei den Ägyptern die Isis, bei den Griechen Selene oder Artemis und bei den Römern Luna und Diana dem Erdbegleiter zugeordnet.

In China galt der Mond u.a. als Symbol für Weiblichkeit (Yin). Das Motiv der dreigesichtigen Mondgöttin kommt häufig vor: als verführerische Jungfrau bei zunehmendem Mond, als fruchtbare Mutter bei Vollmond und als alte, weise Heilerin im abnehmenden Mond. Diese Dreigestalt taucht sowohl bei den Griechen als auch bei den Kelten auf; bei letzteren sind es Morrigan oder Ceridwen, die als unterschiedliche Frauengestalten in den alten Erzählungen vorkommen.

▶ Die junge Mondsichel am Abendhimmel kurz nach Neumond. Der Mond nimmt also zu.

16

Himmlischer Kalender

Schon früh nutzten die Menschen die regelmäßigen und leicht zu überschauenden Phasen des Mondes als Basis für einen Kalender oder zur Beschreibung von Zeitspannen. Unsere Woche besteht aus sieben Tagen, das ist die ungefähre zeitliche Abfolge der Mondphasen: Neumond, zunehmender Halbmond (auch Erstes Viertel genannt), Vollmond und abnehmender Halbmond (auch Letztes Viertel genannt). Ein Durchlauf der Phasen von Vollmond zu Vollmond – der Ursprung des Mon(d)ats – dauert 29,5 Tage. Als die Bestimmung von Aussaat- und Ernteterminen beim Ackerbau immer wichtiger wurde, benötigte man genauere Kalender.

Auch Zugvögel und einige nachtaktive Insekten nutzen den Mond zur Navigation und bei manchen Tieren, z.B. Krabben, ist die Fortpflanzung eng mit den Mondphasen verbunden. Der Mond verursacht außerdem die Gezeiten und auch Hebungen und Senkungen des Erdmantels.

Vom Neumond zum Vollmond

Der Erdtrabant ist im Mittel 384400km von uns entfernt, hat einen Durchmesser von 3476km und erscheint am Himmel rein zufällig genauso groß wie die Sonne. Er besteht aus Gestein, ihm fehlt eine Atmosphäre und es herrschen Temperaturen zwischen +120°C und –130°C. Der Mond umläuft die Erde in 27,3 Tagen. Da sich die Erde aber in dieser Zeit gleichzeitig auch um die Sonne weiterbewegt, die für die Beleuchtung des Monds und damit dessen Phasen zuständig ist, ist die auf der Erde wahrgenommene Wiederholung der Mondphasen länger. Wenn sich der Mond fast genau zwischen Erde und Sonne befindet, ist Neumond. Steht er hinter der Erde und gegenüber der Sonne, erscheint er als Vollmond. Dazwischen liegen die Phasen der zu- und abnehmenden Mondsichel.

Es gibt zwei besondere Positionen des Mondes am Himmel, die faszinierende Phänomene verursachen: die Mond- und Sonnenfinsternisse. Wenn die Erde genau zwischen Sonne und Mond steht und der Mond in den Schattenkegel der Erde tritt, findet eine Mondfinsternis statt. Eine Sonnenfinsternis entsteht, wenn der Mond exakt zwischen Erde und Sonne steht und der Schatten des Mondes auf die Erdoberfläche fällt.

Der Mann im Mond

Beim einzigen bisher von Menschen betretenen Himmelskörper genügt schon ein Blick und man erkennt Unterschiede auf der Oberfläche in den helleren und dunkleren Gebieten. Wir nennen es den »Mann im Mond« oder das »Mondgesicht«, andere Kulturen bezeichnen es als Hasen. Faszinierend und ganz leicht zu beobachten ist der Wechsel der Mondgestalt. Versuchen Sie doch einmal, die ganz schmale Mondsichel am ersten oder zweiten Tag nach Neumond am Abendhimmel tief im Westen zu entdecken! Hierfür sind Frühlingsabende ganz besonders gut geeignet wegen der dann steil aufsteigenden Mondbahn.

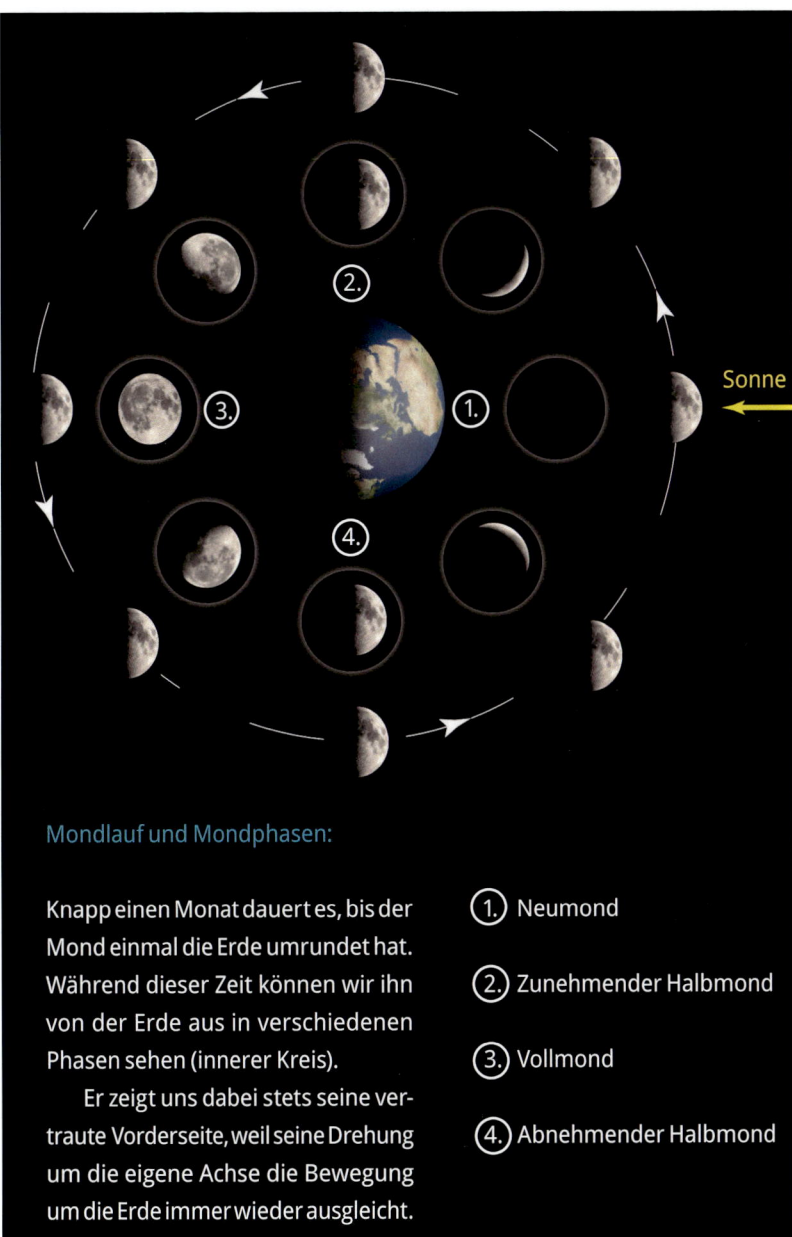

Sonne

Mondlauf und Mondphasen:

Knapp einen Monat dauert es, bis der Mond einmal die Erde umrundet hat. Während dieser Zeit können wir ihn von der Erde aus in verschiedenen Phasen sehen (innerer Kreis).

Er zeigt uns dabei stets seine vertraute Vorderseite, weil seine Drehung um die eigene Achse die Bewegung um die Erde immer wieder ausgleicht.

1. Neumond

2. Zunehmender Halbmond

3. Vollmond

4. Abnehmender Halbmond

Sommer

Die zauberhafte Leier

Ewige Liebe – gibt es das wirklich? In der griechischen Götterwelt ist das ein wiederkehrendes Thema. Besonders ergreifend ist die Sage von Orpheus und Eurydike – am Himmel verewigt im Sternbild der Leier, das im Sommer hoch über unseren Köpfen steht.

Verführerische Klänge

Orpheus, der Sohn des Königs von Thrakien und Kalliope, der Muse der Dichtkunst, erhielt als Kind vom Gott Apoll eine Leier. Der göttlichen Macht seines Gesangs und Leierspiels konnte niemand widerstehen: Egal ob Mensch, Tier oder Pflanze, alle waren von der Zauberkraft seiner Musik wie gebannt.

Sein Leben schien perfekt, als er seine geliebte Eurydike zur Frau bekam. Doch ihr gemeinsames Glück währte nur kurz, denn Eurydike wurde von einer giftigen Natter gebissen und starb. Orpheus, der Eurydike über alles liebte, war untröstlich und als er zur Leier griff, war es, als stünde die Natur still, um seine Wehklage nicht zu stören.

Himmel und Hölle

Aber keine Klage, keine Bitte brachte Eurydike zurück und so beschloss Orpheus, sie aus der Unterwelt wieder zurück zu holen. Die Fähre des Charon konnte sonst nur Tote tragen, aber als der Sänger seine zauberhafte Leier spielte, war es möglich, ihn über den Fluss der Unterwelt zu setzen. Auch Kerberos, den schrecklichen Höllenhund, die Geister der Zerstörung sowie Totenrichter und Rachegöttinnen betörte Orpheus mit

▶ Orpheus betört die Tiere des Waldes mit seinem Spiel. Darstellung auf einer Fliese aus römischer Zeit.

seiner Musik. So gelangte er vor den Thron von Hades und seiner Gemahlin Persephone, die Herrscher der Unterwelt.

Das Herrscherpaar war gerührt von soviel Liebe und als Orpheus Eurydike von ihnen zurückforderte, wurde ihm dieser Herzenswunsch gewährt. Allerdings musste er sich an eine Bedingung halten: Er durfte seine Geliebte erst nach Verlassen der Unterwelt ansehen.

Orpheus machte sich also mit Eurydike auf den Weg in die Welt der Lebenden. Sie wanderten lange durch die Schattenwelt und waren ihrem Ziel schon nicht mehr fern, als Orpheus sich nicht sicher war, ob

ihm seine Geliebte folgen konnte. Er blieb stehen, lauschte und als er sie nicht hören konnte, wandte er sich voll Sorge um. Eurydike erbleichte und war für immer verloren. Sie entschwand vor seinen Augen in der grauenvollen Unterwelt.

Endlich vereint

Völlig verzweifelt kehrte Orpheus in seine Heimat zurück. Die wilden Frauen, die das Bacchusfest feierten, stießen eines Tages im Wald auf ihn. Sie hassten ihn, weil er seit Eurydikes Tod nichts mehr von Frauenliebe wissen wollte und stürzten sich auf ihn. Obwohl sich die Tiere schützend vor ihn stellten, wurde er ermordet und in Stücke gerissen.

Voller Trauer sammelten die Nymphen der Quellen und Bäume seine sterblichen Überreste ein, um sie zu bestatten. Von den Wellen wurden Orpheus' Kopf und die Leier an den Strand von Lesbos getragen, wo sein Haupt zur Ruhe gebettet werden konnte. Die Seele des begnadeten Sängers gelangte ins Reich der Schatten und er begegnete endlich seiner geliebten Eurydike wieder, die er in die Arme schloss. Von nun an waren sie für alle Ewigkeit verbunden.

Star des Sommerdreiecks

Das Sternbild der Leier sieht – im Gegensatz zu manchen anderen Sternbildern – wirklich aus wie der namensgebende Gegenstand. Man erkennt die Anordnung der Sterne mit etwas Übung als das genannte Saiteninstrument.

Der Hauptstern der Leier ist Wega, einer der hellsten Sterne am Firmament und einer der drei Sterne, die das sogenannte Sommerdreieck bilden. Außer Wega gehören Deneb im Schwan und Atair im Adler dazu. Es kann im Sommer gegen Mitternacht hoch am Himmel Richtung Süden gesehen werden.

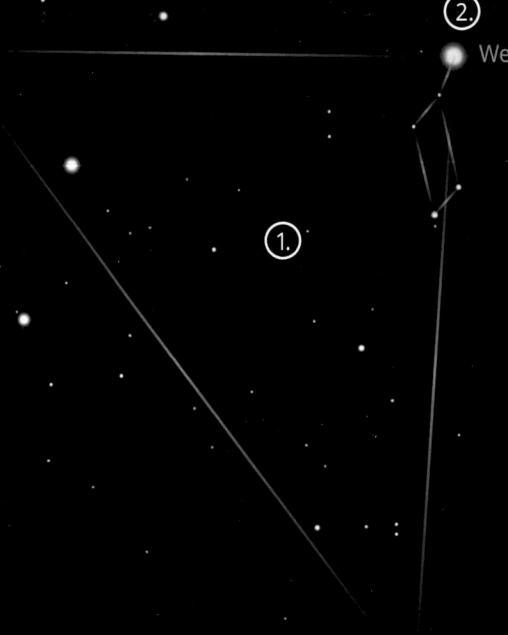

Deneb

Wega

②

①.

Atair

So finden Sie die Wega:

① Sommerdreieck aufsuchen. Es wird von den
drei hellsten Sternen zwischen Horizont und
Zenit gebildet.

② Der obere rechte Eckstern und gleichzeitig
der hellste der drei Sterne ist Wega, Teil des
Sternbildes Leier.

Blick nach Süden

1. Juli 0 Uhr

1. August 22 Uhr

1. September 20 Uhr

Mein lieber Schwan

Jüngere Geschwister können ziemlich anstrengend sein, in diesem Märchen aber erlöst die kleine Schwester durch ihre Liebe, Hingabe und Ausdauer die verhexten Brüder. Das Märchen wurde u.a. von Andersen und den Gebrüdern Grimm in ähnlicher Form erzählt.

Elf Schwäne am Taghimmel

Ein König hatte elf Söhne und eine Tochter, die Elisa hieß. Der König beschloss, wieder zu heiraten; aber die Stiefmutter war eine Hexe, die die Kinder aus dem Schloss vertrieb: Sie verwandelte die Prinzen in wilde Schwäne und Elisa wurde zu einem Bauernpaar aufs Land gebracht. Erst als sie fünfzehn Jahre alt war, sollte sie wieder nach Hause kommen. Die Stiefmutter setzte ihr Kröten ins Badewasser, strich sie mit braunem Walnusssaft ein und so war es dem Vater unmöglich, seine Tochter zu erkennen. Da weinte die arme Elisa und schlich sich fort aus dem Schloss.

Sie ging in den Wald und nachts träumte sie von ihren Brüdern, die sie sehr vermisste.

Elisa traf eine alte Frau, die ihr berichtete, sie hätte elf Schwäne mit Goldkronen über den Wald fliegen sehen. Elisa wanderte weit bis ans Ufer des Meeres. Am Strand fand sie elf weiße Schwanenfedern und als die Sonne unterging, kamen Schwäne angeflogen, die sich, als der letzte Sonnenstrahl im Meer versunken war, in ihre elf Brüder verwandelten. Es war ihnen nur nachts möglich, ihre menschliche Gestalt anzunehmen, tagsüber mussten sie als Schwäne umherfliegen.

Die Brüder konnten nicht bleiben und so bat Elisa, sie mitzunehmen. Mit vereinten Kräften gelang es den Brüdern, die gefährliche Reise über das Meer mit ihrer geliebten Schwester zu meistern.

▲ Der Schwan und benachbarte Sternbilder auf einer Sternkarte des 19. Jahrhunderts.

Nesselhemden für die Erlösung

Im Traum erfuhr Elisa, dass sie ihre Brüder mit Nesselhemden erlösen könne. Also machte sie sich an die schmerzhafte Arbeit, aus Brennnesseln Flachs zur Herstellung der Hemden zu gewinnen. Sie arbeitete Tag und Nacht schweigend, wie es gefordert war. Ein König, der sie im Wald entdeckte, verliebte sich in sie und nahm sie mit auf sein Schloss. Elisa sprach kein Wort und arbeitete weiter an den Hemden, was den Erzbischof misstrauisch machte. Er stellte ihr nach und ertappte sie beim Pflücken frischer Nesseln auf dem Kirchhof, den einzigen, die die spezielle Zauberkraft innehatten. Er redete solange auf den König ein, bis dieser Elisa zum Tode verurteilte. Doch selbst in ihrer Gefängniszelle webte die Schwester weiter, um ihre Brüder zu erlösen.

Am Tage ihrer Hinrichtung war sie mit den Nesselhemden fertig, nur ein Ärmel fehlte am Hemd für ihren jüngsten Bruder. Als Elisa auf einem Karren zum Scheiterhaufen gefahren wurde, kamen elf wilde Schwäne geflogen und setzten sich zu ihr. Bevor der Henker seine grausige Arbeit verrichten konnte, warf Elisa ihren Brüdern die Nesselhemden über und so standen auf einmal elf Prinzen da. Sie waren durch ihre Schwester erlöst worden, die jetzt wieder sprechen durfte und dem König alles erklärte. Dieser war überglücklich, schloss sie in die Arme und bald wurde ihre Hochzeit gefeiert.

Ein Schwan am Nachthimmel

Im Sommer kann man hoch über unseren Köpfen einen Schwan fliegen sehen:

Das Sternbild besteht aus sieben helleren Sternen, die den großen, fliegenden Vogel mit weit gespreizten Flügeln bilden. Der hinterste Stern heißt Deneb, was vom arabischen Wort ذنب (ausgesprochen: theneb) kommt und Schwanz bedeutet.

Die zwei hellsten Sterne des Sommerhimmels – Wega und Atair – bilden mit Deneb zusammen das Sommerdreieck. Man findet es, indem man gegen 12 Uhr nachts im Sommer fast senkrecht über dem Kopf (Wega) bis auf halbe Höhe zum Horizont (Atair) blickt. Das Sommerdreieck umschließt auch einen Teil der Milchstraße, die hier besonders hell ist.

Wega

Deneb

② .

③ .

④ .

① .

Atair

So finden Sie den Schwan:

① Sommerdreieck aufsuchen

② Linke obere Ecke ist Deneb an der Schwanzspitze
des Schwans

③ Schwan bildet Kreuz in Richtung Atair,
parallel zur Milchstraße

④ Ort des Schwarzen Lochs (nicht sichtbar)

Blick nach Osten

1. Juli 0 Uhr

1. August 22 Uhr

1. September 20 Uhr

Wünsch Dir was!

Ist es nicht schon besonders, wenn man nachts eine Sternschnuppe sieht? Man schließt die Augen und wünscht sich etwas. Wie viel zauberhafter aber wird es, wenn man mit seinem Schatz unter dem Sternenzelt spazieren geht und es die Sternschnuppen geradezu regnet! Verliebte wünschen sich gegenseitig ewige Liebe und viele andere schöne Dinge. Diesen Brauch kennt praktisch jeder von uns. Aber wissen Sie auch, woher er kommt? Und woher die Sternschnuppen kommen?

Tränen eines Märtyrers

Es gibt im Jahr mehrere Phasen mit einer erhöhten Anzahl von Sternschnuppen, z.B. die Leoniden im November oder die Geminiden im Dezember. In diesem Kapitel geht es um die Sternschnuppen, die Mitte August gesehen werden können. Sie heißen Perseiden und werden auch Tränen des Laurentius genannt. Laurentius war ein frühchristlicher Märtyrer, der am 10. August 258 auf dem Rost hingerichtet wurde.

Perseiden heißen sie, weil der Ausgangspunkt der Schnuppen im Sternbild Perseus zu liegen scheint. Etwa in der Zeit vom 20. Juli bis 24. August kann man bei klarem Himmel viele Sternschnuppen sehen, um das Maximum (12.8.) herum können 100 oder mehr pro Stunde gesehen werden.

Glühender Staub

Bei der Entstehung von Sternschnuppen, die in der Fachsprache Meteore genannt werden, spielt Staub eine wichtige Rolle. Die kleinen Staub- und Schmutzteile, die ein Komet auf seiner Bahn durch das All verliert, werden zu den beliebten Sternschnuppen.

Kometen – Brocken aus Eis und Staub – bewegen sich auf lang gestreckten, elliptischen Bahnen um die Sonne. In ihren Schweifen hin-

▲ Das Sternbild Perseus auf einer Sternkarte des 19. Jahrhunderts.

terlassen sie viel Staub im All. Die Überreste von Kometen bilden regelrechte Staubringe. Wenn die Erde auf ihrer Bahn um die Sonne einen solchen Staubring kreuzt, gibt es besonders viele Sternschnuppen. Man könnte es sich so vorstellen, dass man im Auto fährt und in einen Schneeschauer gerät. Hier ist es unsere Erde, die in einen Meteorschauer kommt.

Kleine Ursache – große Wirkung

Winzige, im Durchmesser etwa 1 mm große Teile treffen mit einer unvorstellbar hohen Geschwindigkeit (200.000 km/h!) auf die Erdatmosphäre. Dadurch werden die Luftmoleküle sehr heiß und fangen an zu leuchten. Das ist es, was wir als Sternschnuppe sehen. Es ist also nicht das Staubkorn selbst, sondern die heiße Luft, die leuchtet.

Staubteilchen über 10 mm Durchmesser ergeben besonders helle Sternschnuppen und heißen dann Boliden oder Feuerkugeln. Wenn es

▲ Eine Sternschnuppe der Perseiden über den Teleskopen der Europäischen Südsternwarte in Chile.

ein größerer Körper bis auf die Erdoberfläche schafft, also auf seinem Weg durch die Atmosphäre nicht vollständig verglüht, nennt man ihn Meteorit. Meteoritenjäger suchen nach ihnen und es gibt die Steine aus dem All als Schmuck- oder Dekorationsstücke zu kaufen.

Wunsch frei!

Angeblich kommt der Brauch des Wünschens von den Vorstellungen der alten Griechen. Sie glaubten, die Erde stünde im Mittelpunkt des Universums, umgeben von den Sternen, hinter denen die Götter wohnten. Wenn nun ein Gott zur Erde schaute und versehentlich dabei einen Stern vom Himmel stieß, entstand eine Sternschnuppe. Eventuell kommt auch daher die Vorstellung, dass Wünsche in Erfüllung gehen könnten, weil ja ein Gott persönlich auf die Erde sah.

Wichtig für die Erfüllung des Wunsches ist es, die Sternschnuppe als Einziger und zufällig zu sehen, die Augen danach zu schließen und sich etwas zu wünschen, das aber nicht verraten werden darf. Versuchen Sie es! Genießen Sie mit Ihrem Herzblatt einen lauen Sommerabend unter dem Sternenzelt, nehmen Sie sich einen Liegestuhl und schauen Sie zum Himmel – Mitte August wird die erste Sternschnuppe mit Sicherheit nicht lange auf sich warten lassen!

Herbst

Die eitle Königin

Eitelkeit führte nicht nur im allseits bekannten Märchen von Schneewittchen und den sieben Zwergen zu Tränen und Unglück. Hier wollte die böse Stiefmutter die sehr hübsche Tochter ihres Gatten aus erster Ehe beseitigen. Auch in der griechischen Mythologie wird die Geschichte einer Königin erzählt, deren Eitelkeit zum Verhängnis nicht nur für ihre Familie, sondern für das ganze Land wurde.

Kassiopeia beschwört Unheil herauf

In Äthiopien lebte und regierte einst König Kepheus. Er war mit der eitlen Kassiopeia verheiratet und die beiden hatten eine gemeinsame Tochter. Diese hieß Andromeda und war wunderschön. Eines Tages hatte Kassiopeia behauptet, ihre Tochter Andromeda sei schöner als die Nereiden, die Nymphen des Meeres und Töchter des Meeresgottes Nereus. Diese waren ob dieser Behauptung tief gekränkt und beklagten sich bei Poseidon, dem Beherrscher der Weltmeere, den wir auch unter dem Namen Neptun kennen. Natürlich musste eine solche Beleidigung der Götter bestraft werden! In seinem Zorn sandte Poseidon daraufhin Überschwemmungen und ein fürchterliches Seeungeheuer nach Äthiopien.

Die Tochter als Opfer

Das feuerspeiende Untier Keto – auch Cetus genannt – verwüstete das ganze Land und die Menschen verzweifelten, da ihr Hab und Gut zerstört wurde. In ihrer Not wandten sie sich an den König. Das von Kepheus befragte Orakel gab eine schreckliche Auskunft: Die Bestie würde nur verschwinden, wenn er ihr seine Tochter Andromeda opfern würde. Verständlicherweise zögerte der liebende Vater zunächst, seine einzige Tochter dem Ungeheuer auszuliefern.

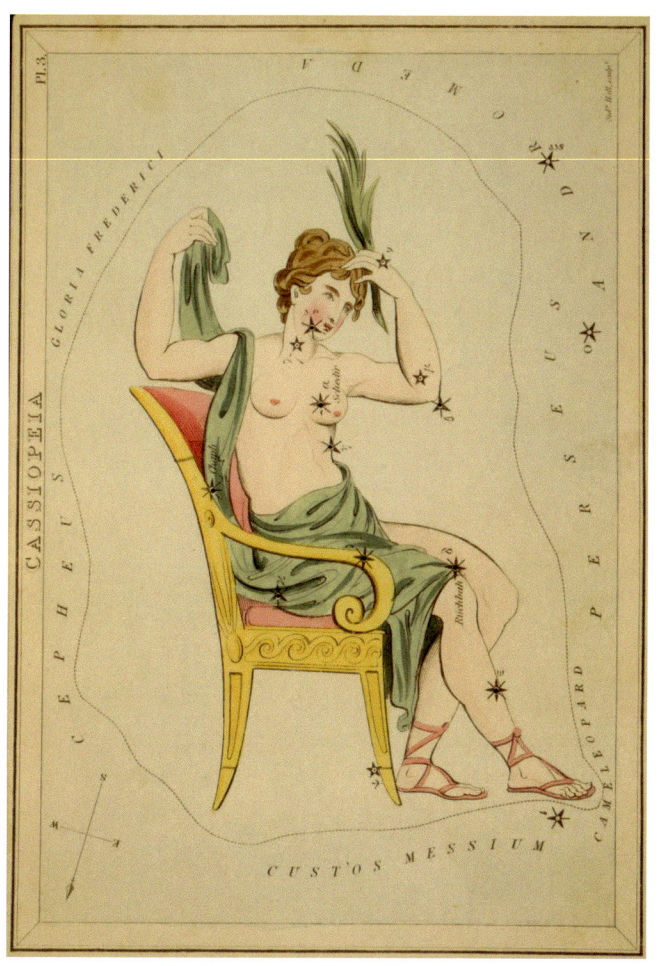

▲ Die Königin Kassiopeia auf einem Sternatlas aus dem 19. Jahrhundert.

Doch als das Untier Keto immer schlimmer wütete und auch das leidende Volk der Meinung war, dass es besser sei, dem Orakel zu glauben, entschloss er sich doch, Andromeda dem Ungeheuer zum Fraß vorzuwerfen. Sie wurde an einem Felsen am Meer in Ketten gelegt, wie es vom Orakel gefordert worden war. Kurz darauf erschien auch schon das Monster und wollte die schöne Andromeda verschlingen.

Doch Andromeda wurde gerettet – wie das genau geschah, wird im Kapitel »Die errettete Prinzessin« erzählt.

An den Himmel verbannt

Die Beteiligten dieses Familiendramas sind alle zusammen an den Himmel versetzt worden: König Kepheus, seine Frau Kassiopeia, ihre Tochter Andromeda und das Ungeheuer Cetus. Letzteres ist als das Sternbild Walfisch bekannt – für die Griechen wohl gleichbedeutend mit einem Meeresungeheuer.

Im Herbst ist besonders das Sternbild Kassiopeia leicht zu entdecken. Es wird auch »Himmels-W« genannt und besitzt genau diese Form: ein überdimensionales, allerdings leicht verschobenes W am Nachthimmel. Es steht zu dieser Jahreszeit hoch über unseren Köpfen und besteht aus fünf hellen Sternen. Man findet diese am leichtesten, wenn man die Verbindungslinie vom dritten – dem Kasten am nächsten gelegenen – Deichselstern des Großen Wagens und dem Polarstern (Kleiner Wagen) herstellt und dann die Strecke etwa verdoppelt.

Arabische Namen als Erkennungshilfe

Das Sternbild Kassiopeia ist ein Beispiel dafür, dass die Formation von Sternen, die ein Sternbild ergeben, manches Mal nur sehr schwer als die damit in Verbindung stehende Figur erkennbar ist. Das Himmels-W ist nur ein Teil der Königin, die auf einem Stuhl sitzend dargestellt wird. Wenn man alte Abbildungen, z.B. aus Bayers Uranometria, betrachtet, kann man es sich leichter vorstellen.

Die arabischen Sternnamen geben Hinweise auf die Position der Sterne im Sternbild: Schedir (صدر, eigentlich sadr ausgesprochen) ist der hellste Stern und bedeutet Brust. Caph, vom Arabischen كف (ausgesprochen kaff), heißt Hand bzw. Handfläche und Ruchbah, arabisch ركبة (rukbah), bezeichnet das Knie.

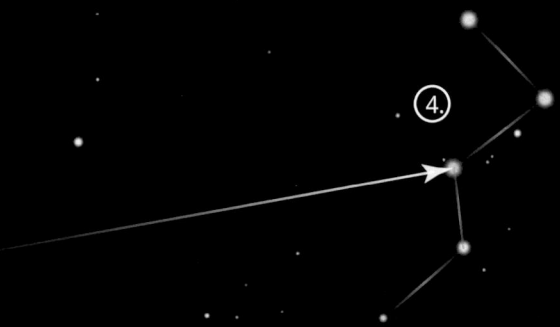

So finden Sie die Kassiopeia:

(1.) Nordrichtung bestimmen

(2.) Exakt senkrecht halbhoch nach oben gehen

(3.) Polarstern aufsuchen

(4.) Die Senkrechte auf der Mitte des Himmels-W

verlängert zum Polarstern

Blick nach Nordosten

1. September 23 Uhr

1. Oktober 21 Uhr

1. November 19 Uhr

N

Die errettete Prinzessin

Häufig gehen griechische Sagen zum Schluss gut aus, was bei der Erzählung von Andromeda und ihrer Familie auch der Fall ist. Wie sich das Unheil anbahnt, wird im Kapitel »Die eitle Königin« berichtet. Und was braucht man für ein Happy End? Richtig, einen wagemutigen Helden.

Ungeheuer versus Held

Als die arme Andromeda an den Felsen gekettet worden war, dauerte es nicht lange und der fürchterliche Keto schoss auf sie zu und wollte sich auf sie stürzen. Die Eltern eilten wehklagend herbei und gerade noch rechtzeitig kam auch der Held angeflogen: Perseus, ein Halbgott und der Sohn von Zeus und Danae.

Perseus erbat sich für die Errettung der Prinzessin Andromeda aus ihrer misslichen Lage selbige als Ehefrau. Dieses wurde ihm sofort von König Kepheus zugesagt und auch das ganze Königreich wurde dem Helden versprochen, falls er es wirklich schaffen sollte, Andromeda zu helfen. Der Halbgott besaß von seinen anderen Abenteuern unter anderem Flügelsandalen, mit denen er fliegen konnte, ein wunderbares Schwert und das Haupt der Medusa – den Kopf des gleichnamigen Ungeheuers mit Schlangenhaaren, bei deren Anblick man auf der Stelle zu Stein erstarrte. Im Kampf gegen Keto konnte das Schwert nichts ausrichten, wohl aber das Haupt der Medusa: Das wütende Ungeheuer erstarrte – zu Andromedas und Perseus' Glück – auf der Stelle zu einem Felsen im Meer.

Hochzeit mit Hindernissen

Perseus befreite nun die schöne Prinzessin und König Kepheus hielt sein Wort: Perseus erhielt Andromeda zur Frau. Glücklich feierten sie

▲ Perseus befreit Andromeda. Gemälde von Guiseppe Cesari

ihre Hochzeit, doch während des Festmahls wurden sie jäh unterbrochen. Phineus, ein Onkel von Andromeda, der schon früher um die Schöne geworben hatte, tauchte auf, um seine Ansprüche zu wiederholen. Der Onkel hatte eine große Zahl bewaffneter Soldaten dabei und es kam zum Kampf.

Perseus drohte zu unterliegen und sah als letzten Ausweg wieder nur das Medusenhaupt. Er warnte seine getreuen Gefährten, damit sie das Gesicht abwendeten und holte dann den unheilbringenden Kopf hervor. Augenblicklich versteinerten alle seine Feinde.

Jetzt endlich konnte er in Ruhe sein Hochzeitsmahl mit der geliebten Andromeda genießen.

Andromeda und Perseus hatten zusammen viele Kinder, so z.B. den Perses, der zum Stammvater der Perserkönige wurde. Andromeda war der Sage nach die Großmutter von Alkmene, Eurystheus und Amphitryon und ihr Gatte Perseus der Urgroßvater von Herkules.

Familientreffen am Himmel

Neben König Kepheus, Kassiopeia und ihrer Tochter Andromeda sind auch das Ungeheuer Cetus und der Held Perseus am Himmel als Sternbilder verewigt.

Das Sternbild des Perseus wurde in vielen Kulturen als das eines Helden gesehen: Christen sahen in ihm David mit Goliaths Kopf oder St. Georg, der den Drachen tötete. Im arabischen Sprachraum nennt man das Sternbilds Hamil Ras al Ghul, was »der den Kopf des Dämons hält« bedeutet.

Teufelsstern

Der zweithellste Stern des Perseus ist Algol, der seine Helligkeit verändert. Algol besteht nämlich aus zwei Sternen, die sich umkreisen. Zieht der eine Stern vor oder hinter dem anderen vorbei, gelangt nicht so viel Licht zu uns, als wenn wenn beide nebeneinander stehen. Algol ist ein so genannter Bedeckungsveränderlicher.

Das Wort Algol kommt aus dem Arabischen: الغول, wird alruhl ausgesprochen und bedeutet Dämon oder Teufel. Der Stern Algol wird auch bei uns als Teufelsstern bezeichnet.

Außerdem kann man in dunklen Nächten fernab der Stadt im Perseus eine Stelle mit einer nebligen Ansammlung von Sternen erkennen: Dies ist der bekannte Doppelsternhaufen h und χ . Er ist zu finden, indem man den zweiten und dritten Stern des Himmels-W der Kassiopeia verbindet und die Strecke in Richtung Perseus etwa verdoppelt.

So finden Sie den Perseus:

1. W-Muster der Kassiopeia aufsuchen

2. Verbindungslinie des zweiten und dritten Sterns verlängern

So finden Sie die Andromeda:

3. W-Muster der Kassiopeia aufsuchen

4. Senkrechte auf der Mitte des Himmels-W verlängern

Blick nach Nordosten

1. September 23 Uhr

1. Oktober 21 Uhr

1. November 19 Uhr

NO

Silberstreif am Himmelszelt

Vielleicht sind auch Sie schon mit Ihrem Liebsten oder Ihrer Liebsten in einer sternklaren Herbstnacht draußen gewesen und haben hoch zum Himmel geblickt. Und vielleicht haben Sie das schimmernde Band der Milchstraße, das sich quer über den Nachthimmel zieht, über sich entdeckt. Es ist kein wirkliches Band und besteht natürlich auch nicht aus Milch. Wie es zu der Bezeichnung kam, erklärt auch dieses Mal eine antike griechische Sage.

Unehelicher Herakles

Zeus hatte mit Alkmene, einer sterblichen Frau, zusammen einen Sohn, der Herakles hieß. Er wurde auch als Herkules bezeichnet. Als er noch ein Säugling war, hatte Zeus ihn seiner Gattin Hera, die gerade schlief, zum Trinken an ihre Brust gelegt. Der Junge saugte aber so ungestüm, dass Hera davon erwachte und den ihr fremden Säugling heftig von sich wegstieß. Dadurch spritzte ein Strahl ihrer Milch über den ganzen Himmel und es entstand die Milchstraße. Herakles aber erhielt durch Heras Milch göttliche Kräfte.

Rückgrat der Nacht aus abertausenden Sternen

Schon im Altertum war die Milchstraße bekannt, im Altgriechischen hieß sie galaxias, was von gala (Milch) abgeleitet ist. Bei den Germanen erhielt sie die Bezeichnung »Iringstraße« nach Iring, dem Gott des Lichts, der auch Heimdall genannt wurde. Die afrikanischen San gaben der Milchstraße den Namen »Rückgrat der Nacht«.

Früher wusste man nicht, dass es sich um einzelne Sterne handelt, die das milchig-weiße Aussehen hervorrufen. Erst Galileo Galilei ent-

▲ Im Herbst zieht sich die Milchstraße als matt schimmerndes Band über den gesamten Himmel.

deckte im 17. Jahrhundert, dass es unzählige Sterne sind, da er ein Fernrohr für seine Beobachtungen zur Verfügung hatte. Man geht heute davon aus, dass es 100 bis 300 Milliarden Sterne sind, die die Milchstraße, also unsere Galaxis, bilden.

Mittendrin statt nur dabei

Die Milchstraße ist eine spiralförmige Galaxie mit mehreren Armen. Etwa auf halbem Weg vom Rand eines der Arme bis zum Zentrum findet man die Sonne mit ihren acht Planeten und der blaue Planet, unsere Erde, zählt natürlich auch dazu.

Die ganze Milchstraße ist so groß, dass das Licht 100.000 Jahre braucht, um von der einen zur anderen Seite zu gelangen. In der Mitte der Galaxis wird ein Schwarzes Loch vermutet – ein extrem massereiches Objekt, das alles verschluckt, was ihm zu nahe kommt. Also sind wir etwas weiter entfernt ganz gut aufgehoben!

Nachgedacht

Die Milchstraße, wie wir sie sehen, endet natürlich nicht am Horizont; das schimmernde Sternenband umschließt sozusagen den Erdball. In Wirklichkeit ist es der Blick, den wir von innen nach außen durch die Heimatgalaxie werfen.

Von jedem Punkt der Erde aus ist die Milchstraße zu sehen; von der Südhalbkugel ist allerdings ein anderer Teil der Milchstraße mit anderen Sternen und Sternbildern sichtbar.

Unsere Galaxie ist, wie die anderen Galaxien auch, immer in Bewegung. Diese Rotation ist aber so langsam, dass wir davon nichts mitbekommen. Die Sonne und mit ihr die Erde benötigen etwa 230 Millionen Jahre, um sich einmal um ihr galaktisches Zentrum zu drehen. Seit der Entstehung des Sonnensystems vor etwa 4,5 Milliarden Jahren sind wir also schon einige Male um das Milchstraßenzentrum gekreist.

Schimmerndes Band

Vor allem im Herbst, wenn es zeitig dunkel wird, ist die Milchstraße leicht zu sehen. Sie erstreckt sich von der Kassiopeia über den Schwan und den Adler weiter nach Süden. In die gegenüberliegende Richtung zum Perseus und in den Fuhrmann lässt sie sich weniger gut ausmachen.

Die Milchstraße ist nur zu sehen, wenn der Himmel richtig dunkel ist. Das Licht des Mondes stört also – Neumondnächte ohne Mond sind daher am besten geeignet. Auch die menschliche Lichtverschmutzung führt zum Verblassen der Milchstraße. Auf dem Land oder im Gebirge hat man die besten Chancen auf eine Sichtung.

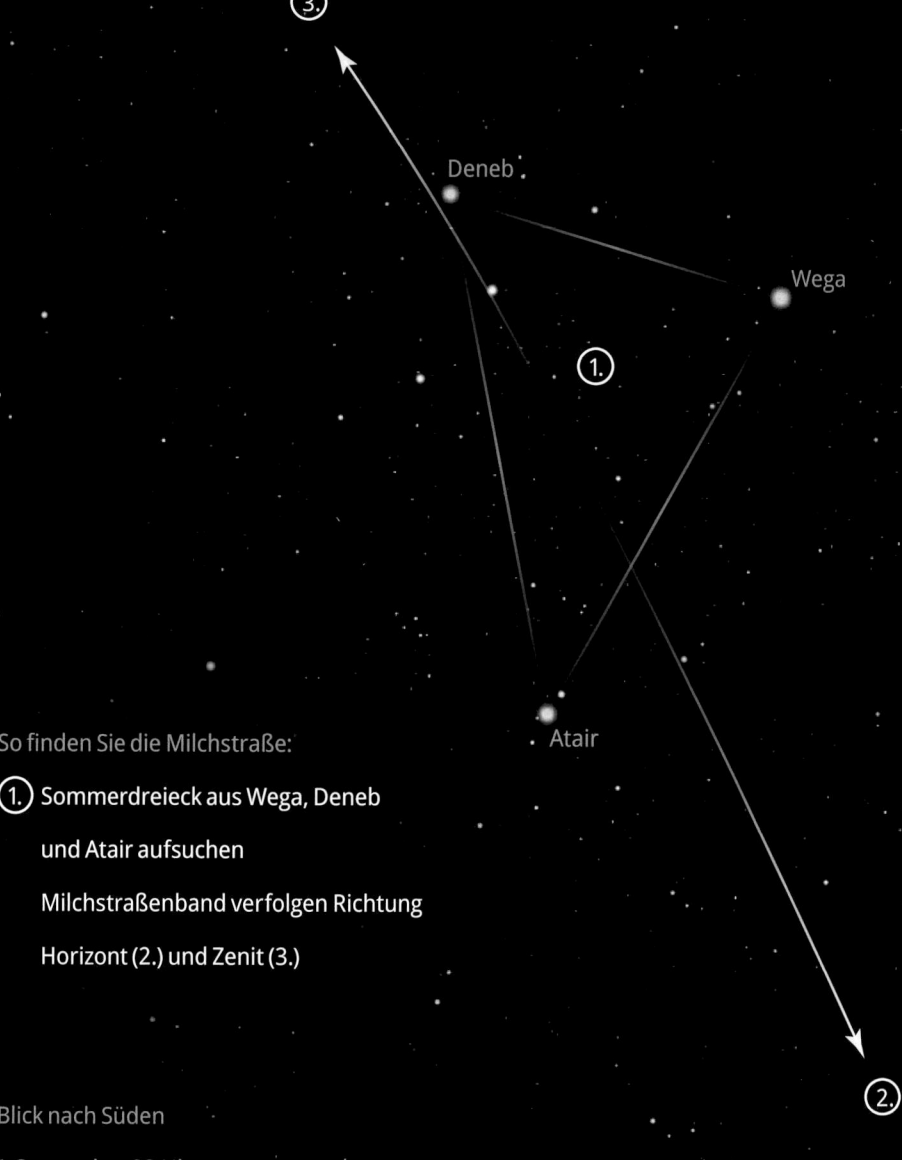

3.

Deneb

Wega

1.

Atair

So finden Sie die Milchstraße:

1. Sommerdreieck aus Wega, Deneb
und Atair aufsuchen

Milchstraßenband verfolgen Richtung
Horizont (2.) und Zenit (3.)

Blick nach Süden

1. September 23 Uhr

1. Oktober 21 Uhr

1. November 19 Uhr

2.

Winter

Atlas und seine sieben Töchter

Etliche Sterne auf einem Fleck ganz dicht beieinander – sind Ihnen im Winter schon einmal die Plejaden aufgefallen? Sie sind auch als Siebengestirn bekannt und galten in vielen Kulturkreisen als besondere Sterne.

Internationale Stars

Namensgebend für die Plejaden ist bei uns wieder einmal die griechische Mythologie. Der Titan Atlas und seine Frau Plejone hatten sieben Töchter: Alkyone, Asterope, Celaeno, Elektra, Maia, Merope und Taygete. Sie hatten mit unterschiedlichen Männern etliche Kinder, z.B. Hermes, Lykos oder Glaukos. Die einzige Schwester, die einen Sterblichen heiratete, war Merope. Es wird gesagt, dass sie aus Scham darüber schwächer am Himmel leuchtet als ihre Schwestern. Auf Anhieb sind am Himmel auch nur sechs Sterne leicht zu sehen.

Die sieben Schwestern, die erst in Tauben verwandelt worden waren, wurden von Orion, dem Jäger, verfolgt. Zeus versetzte sie daraufhin als Sterne an den Himmel. Doch auch hier werden die Seven Sisters, wie sie auf Englisch heißen, immer noch vom Himmelsjäger verfolgt, dessen Sternbild sich südöstlich der Plejaden befindet.

Himmlischer Kronleuchter

Angeblich erstmals schriftlich erwähnt wurden die Plejaden bei den Sumerern. Sie galten als Sterne, die dort stehen, woher der Ostwind kommt. Auch bei den Assyrern waren sie als »Siebengottheit« bekannt.

الثريا ist der arabische Name; er wird ath-Thuraja ausgesprochen und bedeutet Kronleuchter, was sehr passend für die hübsche Formati-

▲ Die Plejaden sind auf der Himmelsscheibe von Nebra (links) und in der Höhle von Lascaux (rechts) abgebildet.

on der leuchtenden Sterne ist. Als weiblicher Vorname Soraya ist er uns eher geläufig.

In Japan heißen die Plejaden Subaru und werden mit den leicht zu sehenden helleren Sternen des Sternhaufens in Verbindung gebracht. Das Markenzeichen des gleichnamigen Autoherstellers zeigt deshalb sechs Sterne. Selbst auf den uralten Höhlenmalereien von Lascaux sind sie als Gruppe von sechs Punkten oberhalb eines Auerochsen abgebildet.

Die Jungfrauen des Frühlings

Die Plejaden sind auch unter anderen Namen bekannt: die Jungfrauen des Frühlings oder die Sterne der blühenden Jahreszeit.

Auf der Himmelsscheibe von Nebra, die im Museum für Vorgeschichte in Halle/Saale zu bewundern ist und die aus der frühen Bronzezeit um 1600 v.Chr. stammt, wurden die sieben goldenen Punkte, die nahe beieinander auf der Scheibe aufgebracht sind, als Plejaden identifiziert. Sie dienten hier als Kalendersterne, um im Frühling das Sonnenjahr dem Mondjahr anzugleichen.

Auch bei den Griechen und Römern wurden die Plejaden zur Strukturierung des bäuerlichen Jahres eingesetzt. Der griechische Dichter Hesiod (8./7. Jh. v. Chr.) schreibt:

> »Wenn das Gestirn der Pleiaden, der Atlastöchter, emporsteigt,
> Dann beginne die Ernte, doch pflüge, wenn sie hinabgehen;
> Sie sind vierzig Nächte und vierzig Tage beisammen
> Eingehüllt, jedoch wenn sie wieder im kreisenden Jahre
> Leuchtend erscheinen, erst dann beginne die Sichel zu wetzen«

Die Beduinen lasen am Aufgang der Plejaden den Sommer und am Untergang den Beginn des Winters ab: »Die Plejaden gehen auf über dürrer Getreidegarbe und unter, wenn das Tal zum Bach wird.«

Die Blackfoot-Indianer waren ein Volk der Jäger und Sammler. Auch für sie war die Sternformation der Plejaden sehr wichtig. Der Stand der Plejaden zu Beginn der Trockenzeit war das Zeichen für eine Treibjagd der riesigen Bisonherden. Wenn die Sieben Schwestern am Himmel gegen Ende April nicht mehr zu sehen waren, verschwanden auch die Bisons.

Siebengestirn am Winterhimmel

Am Winterhimmel ist der wunderschöne Sternhaufen leicht mit freiem Auge zu entdecken: Suchen Sie im Sternbild Stier nach einem sternreichen Fleck, der etwa die (scheinbare) Größe Ihrer Daumenbreite bei ausgestrecktem Arm hat.

Der Sternhaufen der Plejaden findet sich »zwischen« dem Stier und Perseus nahe der Ekliptik, der scheinbaren Sonnenbahn. Diese Lage macht es möglich, dass die Planeten dicht an den Plejaden vorbei durch das »Goldene Tor der Ekliptik« ziehen. Dieses »Tor« wird von den Plejaden und den Hyaden, einem weiteren Sternhaufen im Stier, gebildet. Sterne des Siebengestirns werden bisweilen sogar vom Mond bedeckt.

So finden Sie die Plejaden:

① Orion aufsuchen

② Gürtelsterne nach rechts verlängern bis zum
   hellen Stern Aldebaran

③ Weiter in dieselbe Richtung zu den Plejaden

Blick nach Süden

1. Januar 0 Uhr

1. Februar 22 Uhr

1. März 20 Uhr

Unerschütterliche Bruderliebe

Die besondere Zuneigung zweier Brüder zueinander, vor allem, wenn es Zwillinge sind, wurde schon in den alten Sagen der Griechen beschrieben. Auch eine himmlische Sage dreht sich um die Bruderliebe.

Sterblich und unsterblich

Leda, die Mutter der schönen Helena, hatte mit ihrem Mann Tyndareos, dem König von Sparta, zusammen einen Sohn, der Kastor hieß. In derselben Nacht, in der Leda mit Kastor schwanger wurde, soll sie der griechischen Mythologie nach auch ihren anderen Sohn Pollux empfangen haben. Der Vater von Pollux, der auch Polydeukes genannt wurde, war niemand anderes als Zeus, der Leda in Gestalt eines Schwans erschienen war.

Kastor und Pollux waren als Zwillinge unzertrennlich, auch wenn sie unterschiedliche Väter hatten. Pollux war als Halbgott unsterblich, wohingegen Kastor als Sohn eines Menschen sterblich war. Sie waren sich so ähnlich im Wesen und Aussehen, dass sie beide auch Dioskuren, die Zeussöhne, genannt wurden. Sie bestanden zusammen viele heldenhafte Abenteuer. So befreiten sie ihre Schwester Helena aus der Gewalt ihres Entführers Theseus, nahmen an der Argonautenfahrt auf der Suche nach dem Goldenen Vlies teil, begleiteten Herkules zu den Amazonen und erlangten unsterblichen Ruhm durch ihre Heldentaten.

Familienstreit mit tödlichem Ausgang

Mit ihren Cousins Lynkeus und Idas sind die Dioskuren eng befreundet gewesen. Lynkeus, das Luchsauge, konnte durch Bäume und sogar

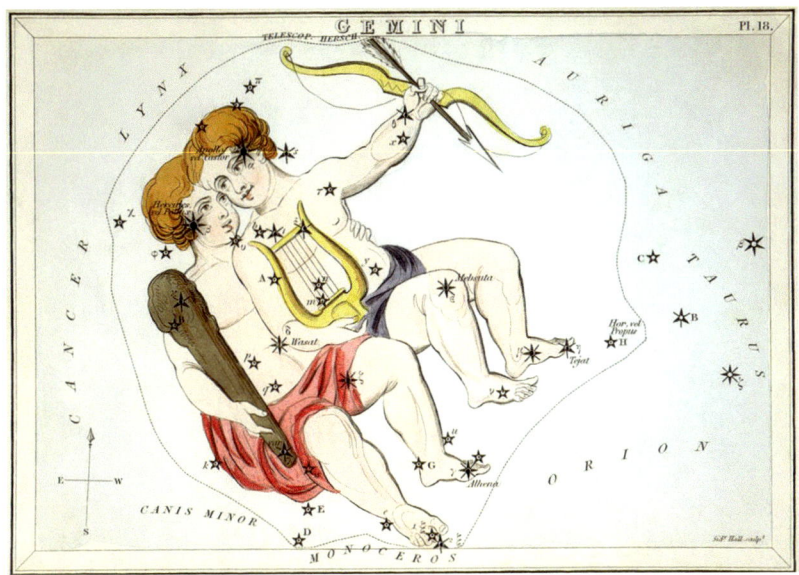

▲ Die Zwillinge als einander zugewandte Brüder in einer Himmelskarte aus dem 19. Jahrhundert.

durch die Erde sehen; sein Bruder Idas besaß ungeheure Kräfte und einen verwegenen Mut. Eines Tages waren alle vier auf Beutezug gewesen und hatten eine Herde herrlicher Rinder geraubt. Diese sollte zwischen den Brüderpaaren gerecht geteilt werden.

Jedoch gerieten Kastor und Idas in einen heftigen Streit miteinander, weil Idas mit einer List versucht hatte, an den größeren Teil der Herde zu gelangen. Im Verlaufe dieses Streits wurde Kastor von Idas' Wurfspeer getroffen und sank zu Boden. Daraufhin griff Pollux die Cousins an, traf Lynkeus mit der Lanze und tötete ihn. Ein furchtbarer Kampf entbrannte nun zwischen Pollux und Idas, die beide ihre Brüder rächen wollten. Der Göttervater selbst griff ein und vernichtete Idas mit einem Blitz.

Trauer um den Bruder

Nachdem der Kampf vorbei war, eilte Pollux zum sterbenden Kastor, für den er jedoch nichts mehr tun konnte. Pollux weinte und war untröstlich, da er seinen geliebten Bruder verloren hatte. Er bat seinen Vater Zeus, ihn mit dem Bruder zusammen in die Unterwelt zu schicken, um wieder mit ihm vereint zu sein. Zeus stellte ihn vor die Wahl, unsterblich zu bleiben und in ewiger Jugend im Olymp zu wohnen, allerdings ohne seinen Zwilling Kastor, oder alles mit dem geliebten Bruder zu teilen und eine Hälfte der Zeit bei den Göttern und die andere in der Unterwelt zu weilen und letztendlich zu sterben. Pollux wählte freudig ohne zu zögern die zweite Möglichkeit und verbrachte so mit seinem geliebten Zwillingsbruder Kastor die Zeit gemeinsam.

Als Sternbild verewigt

Im Sternbild Zwillinge sind die beiden unzertrennlichen Brüder am Himmel verewigt. Man entdeckt am leichtesten die beiden Hauptsterne Kastor und Pollux, die im Winter am Firmament zu sehen sind und praktisch gleich hell erscheinen.

In diesem Sternbild ist auch der scheinbare Ausgangspunkt eines Sternschnuppenschauers, der jedes Jahr auftritt. Es sind die Geminiden; der Name ist abgeleitet von lateinischen »Gemini«, was Zwillinge bedeutet. Während des Maximums um den 14. Dezember sind etwa 120 Sternschnuppen pro Stunde zu bestaunen. Also verpassen Sie nicht diese Hochsaison für viele vorweihnachtliche Wünsche!

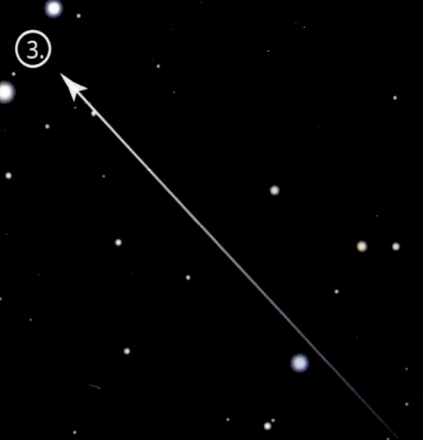

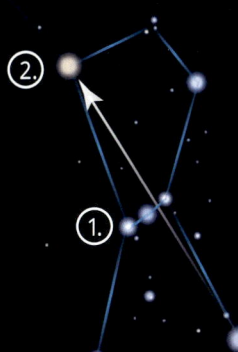

So finden Sie die Zwillinge:

1. Orion aufsuchen

2. Verbindungslinie von Rigel zu Beteigeuze
   verlängern

3. Sternpaar ist Kastor und Pollux

Blick nach Süden

1. Januar 0 Uhr

1. Februar 22 Uhr

1. März 20 Uhr

Rigel

Der Planet der Liebe

Man ist in der Dämmerung unterwegs und entdeckt ein sehr helles Objekt am Himmel. Was kann das sein? Nachdem man sich vergewissert hat, dass es sich nicht bewegt, also kein Flugzeug mit Scheinwerfern ist, weiß man sofort: Ich habe die Venus, den Planeten der Liebesgöttin, gesehen!

Alte Bekannte

Es gibt schon seit vielen Jahrtausenden Gottheiten, die mit Liebe, Schönheit und Sinnenlust assoziiert wurden. Sie wurden vielfach dem Planeten, der uns als Venus geläufig ist, zugeordnet, der von alters her den Menschen bekannt ist. In der Bibliothek in Ninive hat man Keilschrifttexte des Königs Ammi-zaduqa gefunden, die über 3600 Jahre alt sind, und sie entziffert. Es handelt sich bei den Venus-Tafeln um das älteste schriftliche Dokument zur Beobachtung des Planeten mit einer umfassenden Datensammlung von Sichtbarkeiten der Venus.

Im alten Babylonien und Assyrien war Ischtar die wichtigste Göttin. Sie verkörperte den Planeten Venus und wurde als Morgen- und Abendstern verehrt. Als Symboltier ist mit ihr der Löwe verbunden; auch der Schakal wird mit ihr assoziiert. Ihr Herz wird als rasender Löwe, ihr Gemüt als wilder Bulle beschrieben. Sie konnte in weiblicher und männlicher Form auftreten.

Die Liebesgöttin

Wenn Ischtar als bärtige Kriegsgöttin bzw. Kriegsgott mit Sichelschwert erschien, war sie die Herrin der Schlacht. Unterdrückte und Misshandelte konnten auf ihre Gnade hoffen und sie entschied stets mit Gerechtigkeit. Ihre weibliche Seite drückte sexuelles Begehren aus. In Darstellungen fasst sie sich an die Brüste oder hebt ihr Gewand hoch.

Im Pergamon-Museum in Berlin ist eines der Tore Babylons, das Ischtar-Tor, zu sehen. Es zeigt eine Prozessionsstraße und die Wände tragen als Verzierung 60 Löwen. Inanna, die auch Niniana genannt wurde, ist das sumerische Pendant dieser Göttin und weist die gleichen Wesenszüge auf. Im vorislamischen Arabien war eine entsprechende Göttin bekannt, die al-Uzza (العزى bedeutet die Stärkste) hieß und dem Morgenstern zugeordnet wurde. Im alten Rom nannten die Menschen die Göttin der Liebe und Schönheit Venus, bei den Griechen hieß sie Aphrodite und bei den Germanen Freya.

▼ Die schaumgeborene Venus als Göttin der Liebe im berühmten Gemälde von Sandro Botticelli.

Heiße Hölle

Venus wird zwar der Göttin der Liebe zugeordnet, das heißt aber keineswegs, dass es auf dem Planeten auch angenehm zugeht. Die staubtrockene Atmosphäre ist sehr dicht, es jagen Stürme um den Planeten, es gibt kein Wasser und der »Regen« besteht aus Schwefelsäuretropfen. Der extreme Treibhauseffekt lässt die Temperaturen auf Werte bis +500°C steigen und der Druck ist neunzigmal höher als auf der Erde. Daher wurden die russischen Venussonden in den Achtziger Jahren innerhalb weniger Stunden zerstört.

Abend- oder Morgenstern

Der Planet Venus ist nach Sonne und Mond das hellste Objekt an unserem Himmel. Venus zieht sofort die Blicke auf sich, weswegen sie viele von uns als Morgen- bzw. Abendstern schon »einfach so« entdeckt haben. Sie erstrahlt wegen ihrer Atmosphäre, die das Licht der Sonne besonders gut reflektiert, so hell am Himmel. Der Planet erscheint bis kurz vor Sonnenaufgang noch unübersehbar hell in der Morgendämmerung, wenn andere Objekte schon im zunehmenden Licht verblasst sind. Ebenso ist er schon kurz nach Sonnenuntergang am noch fast taghellen Himmel auszumachen und somit leicht zu finden. Während der Nachtstunden ist Venus nicht zu sehen. Das kommt daher, dass Venus ein innerer Planet ist, also innerhalb der Erdbahn ihre Kreise zieht. Deshalb ist sie für uns auf der Erde immer in der Nähe der Sonne zu finden. Als Abendstern folgt sie der Sonne am Abend und geht vor ihr als Morgenstern in der Frühe auf. Besonders gut zu sehen ist Venus von März bis Juli (abends) und September bis Dezember (morgens) 2015, von Dezember 2016 bis Februar 2017 (abends) und von April bis August 2017 (morgens).

▲ Venus in der Dämmerung als hellster »Stern« am Himmel.

Glossar

Ekliptik Scheinbare Bahn, auf der sich die Sonne im Jahreslauf über den Himmel bewegt. Auch die Planeten und der Mond stehen von der Erde aus gesehen immer nahe der Ekliptik.

Horizont Die Grenzlinie zwischen Himmel und Erde.

Galaxie Eine Ansammlung von einer Million bis zu einer Billion Sternen. Unsere Heimatgalaxie ist die Milchstraße.

Kleinplanet Ein Kleinkörper im Sonnensystem zwischen 1000km und wenigen Metern Durchmesser. Kleinplaneten sind oft unregelmäßig geformt. Alternative Namen sind Asteroid und Planetoid.

Lichtjahr Die Entfernung, die das Licht innerhalb eines Jahres zurücklegt. 1 Lichtjahr entspricht 9,46 Billionen Kilometern. Der nächste Stern außerhalb des Sonnensystems ist ca. 4 Lichtjahre von uns entfernt.

Milchstraße Unsere Heimatgalaxie. Sie besteht aus etwa 100 Milliarden Sternen. Wir befinden uns etwa auf zwei Drittel des Wegs vom Zentrum zum Rand.

Planet Himmelskörper in einer Umlaufbahn um die Sonne mit ausreichend großer Masse, um sich zu einer kugelförmigen Gestalt zusammenzuziehen. Ein Planet beeinflusst die Umgebung seiner Umlaufbahn derart, dass diese frei von anderen Objekten ist – im Gegensatz zu Klein- und Zwergplaneten. Das Sonnensystem besitzt acht große Planeten: Merkur, Venus, Erde, Mars, Jupiter, Saturn, Uranus und Neptun.

Schwarzes Loch Ein extrem massereiches Objekt, dessen Anziehungskraft so stark ist, dass selbst Licht nicht von ihm entweichen kann. Schwarze Löcher sind deshalb nur indirekt nachweisbar. Es wird angenommen, dass im Zentrum vieler Galaxien Schwarze Löcher existieren.

Sonne Unser Stern, der Zentralkörper des Sonnensystems. Die Energieerzeugung geschieht durch Kernfusion.

Sonnensystem Ansammlung von Körpern um die Sonne, umfasst alle durch ihre Anziehungskraft an sie gebundenen acht großen Planeten, Monde,

Kleinkörper, Kometen etc. Auch zahlreiche andere Sterne besitzen ähnliche Systeme.

Stern Eine Sonne. Die Energieerzeugung geschieht durch Kernfusion. Sterne unterscheiden sich durch ihre Masse, ihre Zusammensetzung und ihr Alter.

Sternbild Anordnung von Sternen, die ein markantes Muster bilden und ursprünglich mit gedachten Linien zu einer bestimmten Gestalt verbunden wurden. Heute 88 festgelegte Flächen, die den gesamten Himmel aufteilen.

Urknall Hypothetischer Ursprung des Weltalls aus einem unendlich kleinen Punkt vor 13,7 Milliarden Jahren. Durch zahlreiche voneinander unabhängige Nachweise besteht kaum mehr ein Zweifel an der Richtigkeit dieser Hypothese.

Zenit Punkt des Himmels genau senkrecht über dem Kopf des Betrachters.

Zwergplanet Ein Planet im Sonnensystem, der anders als die regulären acht Planeten nicht die Umgebung seiner Umlaufbahn derart beeinflusst, dass diese frei von anderen Objekten ist. Zwergplaneten sind größer als Kleinplaneten.

Bildnachweis

Europäische Südsternwarte ESO: 32
Mario Weigand: 7, 17, 21, 35, 45, 49, 61
Wikipedia: 9, 13, 23, 27, 31, 37, 41, 51 beide, 55, 59

Impressum

1. Auflage
© 2014 Oculum-Verlag GmbH, Erlangen
Oculum-Verlag, Spardorfer Str. 67, 91054 Erlangen
www.oculum.de, info@oculum.de

ISBN 978-3-938469-74-3

Orientierung am Nachthimmel

Sterne, Mond und Planeten für jeden Monat

Stephan Schurig

Orientierungslos stehen die meisten Menschen vor dem Sternhimmel. Die täglichen und jährlichen Bewegungen des Firmaments und die wechselnden Auftritte der Planeten tragen noch dazu bei. Doch das Zurechtfinden am nächtlichen Himmel kann ganz einfach sein.

🖑 Kurzlink: oclm.de/pjmmq

skyscout

Sterne und Sternbilder einfach finden

Lambert Spix

Der skyscout ist als »Immer-dabei-Werkzeug« für Sternfreunde konzipiert. Einsteiger lernen einfach, Sterne und Sternbilder zu finden und Amateurastronomen finden eine kompakte und robuste Aufsuchhilfe für ihre Lieblingsobjekte.

🖑 Kurzlink: oclm.de/exjzi